减抗养殖 50问

中国兽药协会　组编

U0239198

规范行为

合理的用药制度

药物分类

中国农业出版社

北　京

图书在版编目（CIP）数据

减抗养殖50问／中国兽药协会组编．—北京：中国农业出版社，2019.3
ISBN 978-7-109-25261-5

Ⅰ.①减… Ⅱ.①中… Ⅲ.①饲养管理-问题解答 Ⅳ.①S815-44

中国版本图书馆CIP数据核字（2019）第035119号

中国农业出版社出版
（北京市朝阳区麦子店街18号楼）
（邮政编码 100125）
责任编辑　王森鹤　黄向阳

中国农业出版社印刷厂印刷　新华书店北京发行所发行
2019年3月第1版　2019年3月北京第1次印刷

开本：850毫米×1168毫米　1/32　印张：1.5
字数：30千字
定价：16.00元
（凡本版图书出现印刷、装订错误，请向出版社发行部调换）

编委会

主　任　才学鹏

副主任　沈建忠　李向东　杨劲松　谷　红

委　员　(按姓氏笔画排序)

江厚生　李守军　吴里明　胡竑邠

袁希民　耿玉亭　黄向阳　黄逢春

廖　峰

编写人员

主　编　耿玉亭

副主编　巩忠福　曹兴元　吴聪明

参　编　叶　妮　袁宗辉　黄显会　徐士新

段文龙　董义春　梁先明

审　稿　才学鹏　谷　红

前　言

　　兽药作为用于预防、治疗、诊断动物疾病的特殊商品和重要的农业生产资料，是畜牧业生产中不可或缺的重要投入品。动物养殖中能否做到科学、规范、合理地使用兽药，事关畜牧业生产安全、动物源性食品质量安全、人民身体健康和公共卫生安全。

　　随着社会与经济的持续发展和人民生活水平的日益提高，人们对包括动物源性食品安全的要求越来越严格，食品安全已成为全球共同关注的重大问题，并得到世界各国政府和全社会的高度关注。近年来，农业农村部采取了一系列兽药质量和动物产品安全监管措施，发布了《兽用抗菌药使用减量化行动试点工作方案》，组织开展养殖减抗行动，持续加大兽药安全使用工作力度，旨在保障动物性产品安全。在此形势之下，中国兽药协会按照农业农村部统一部署积极参与养殖减抗行动，牵头组织完成了《减抗养殖50问》科普手册的编写工作。

　　本手册读者对象主要针对养殖场（户）和基层临床兽医，其内容包含了科学用药、养殖减抗、食品安全三个版块。其中，科学用药部分系统阐述了如何选对药、用好药；养殖减抗部分全面解读了养殖减抗政策、措施和目标；食品安全部分深入浅出科普了药物残留、耐药性专业知识，以及消除安全隐患的措施、办法。本手册内容实用、简明，配图生动、活泼，符合当初确定的通俗易懂、文字简练、重点突出、图文并茂的编写初衷。希望本手册在引导公众科学认知兽用抗菌药，指导养殖场（户）科学合理使用兽用抗菌药，在助力养殖减抗行动工作中发挥积极的作用。

由于时间仓促，本手册编辑过程中疏漏之处在所难免，敬请广大读者批评指正。

中国兽药协会

2019年2月

目 录

前言

科学用药 ……………………………………………… 1

1.目前在猪养殖过程中常发的疾病有哪些? …………1

2.目前在鸡养殖过程中常发的疾病有哪些? …………2

3.食品动物发生疫病如何处理? ……………………3

4.为什么要用抗菌药? ………………………………4

5.猪鸡常用抗菌药有哪些? …………………………5

6.猪鸡常用兽药制剂有哪些? ………………………6

7.兽用抗菌药有哪些给药方式? ……………………6

8.使用抗菌药有哪些注意事项? ……………………7

9.如何做到合理使用抗菌药? ………………………8

10.为什么要制订用药方案? …………………………8

11.制订用药方案时应注意哪些事项? ………………9

12.什么是联合用药? …………………………………10

13.什么情况下采取联合应用抗菌药? ………………11

14.滥用抗菌药物有哪些危害? ………………………11

15.使用抗菌药物有哪些误区? ………………………12

16.实行处方药管理制度的意义? ……………………13

17.常用抗菌药配伍禁忌有哪些? ……………………14

18.如何购买抗菌药物? ………………………………15

19. 养殖场（户）填写兽药使用记录
应有哪些内容？ ·········· 15

20. 购买兽药有哪些注意事项？ ·········· 16

21. 符合规定的兽药说明书有哪些内容？ ·········· 17

22. 为什么要制定休药期？ ·········· 17

养殖减抗·········· **18**

23. 什么是养殖减抗行动？ ·········· 18

24. 为什么要开展养殖减抗行动？ ·········· 19

25. 如何开展养殖减抗行动试点工作？ ·········· 20

26. 养殖减抗行动试点的主要内容是什么？ ·········· 21

27. 养殖减抗行动的总体目标是什么？预期要达到
什么效果？ ·········· 22

28. 如何实现养殖减抗，具体从哪几方面减？ ·········· 23

29. 养殖减抗的具体措施有哪些？ ·········· 24

30. 如何评价养殖减抗的效果？ ·········· 25

31. 衡量养殖减抗效果的最直接指标是什么？ ·········· 26

32. 如何计算单位畜禽产品抗菌药的使用量？ ·········· 26

33. 怎样正确认识兽用抗菌药替代品？ ·········· 27

34. 国外养殖减抗的措施和成熟经验有哪些？ ·········· 27

35. 养殖中如何做到少用抗生素？ ·········· 28

36. 怎样正确认识抗菌药替代品？ ·········· 29

37. 怎样正确认识无抗养殖？ ·········· 29

食品安全·········· **30**

38. 动物性食品包括哪些？ ·········· 30

39. 动物性食品主要安全隐患包括哪些？ ·········· 30

40. 什么是兽药残留？ ·········· 31

41.兽药残留危害有哪些？ ……………………… 31

42.造成兽药残留超标的主要原因有哪些？ ………… 32

43.如何减少兽药残留的发生？ …………………… 32

44.什么是耐药性？ ……………………………… 33

45.什么是耐药菌？ ……………………………… 33

46.动物源细菌耐药性产生的主要原因是什么？ …… 34

47.耐药菌的危害表现在哪些方面？ ……………… 35

48.如何减少细菌耐药性的发生？ ………………… 36

49.如何检测细菌耐药性？ ………………………… 37

50.目前政府采取了哪些食品安全监管措施？ ……… 38

科 学 用 药

1.目前在猪养殖过程中常发的疾病有哪些？

答：①蓝耳病，该病接触传染性较高，被列为我国二类传染病。②猪口蹄疫，是一种空气传播传染性疾病。年幼仔猪发病率高，死亡率高。③仔猪白痢，患病仔猪腹泻次数增多，逐渐消瘦，精神委顿，吃奶减少，终因昏迷虚脱而死。④猪瘟，主要症状为咳嗽，严重时呼吸困难、气喘，病猪多因窒息而死。

2.目前在鸡养殖过程中常发的疾病有哪些?

答：①鸡传染性支气管炎，由传染性支气管炎病毒引起，主要发病症状有咳嗽、气管啰音、打喷嚏等。②禽霍乱，由多杀性巴氏杆菌引起，可以感染鸡、鸭、鹅等禽类。主要发病症状为严重下痢和败血症。③鸡传染性法氏囊病，由传染性法氏囊病病毒引起，主要发病症状有精神萎靡，排白色或者浅绿色稀粪，后衰竭死亡。④新城疫，由新城疫病毒引起，主要发病症状有产蛋停止，腹泻、咳喘、呼吸困难、排绿色粪便等。⑤鸡白痢，由沙门氏菌引起，主要发病症状有食欲废绝、精神萎靡、排黄白色或者绿色的粪便。

3. 食品动物发生疫病如何处理？

答：首先，及时进行消毒，将感染疫病的动物进行隔离，防止疫情扩大。然后，对患病动物做出正确的诊断，及时严格地规范用药，控制疫情，最大限度地降低养殖场的损失。最后，要确保圈舍有良好的通风性，冬季做好圈舍通风换气的同时，还要注意圈舍保暖。平时要定期为动物注射相应流行性疫病的疫苗，注重提升动物机体免疫力。

4.为什么要用抗菌药?

答:猪鸡养殖过程中难免受到细菌等致病菌的侵袭,若不能及时治疗,动物的健康就会受到严重影响,进而影响动物产品的质量和产量,造成经济损失,所以应及时使用抗菌药对动物疾病进行有效防治。有些动物疫病还可能传染给人,如猪链球菌病、猪丹毒等人畜共患病。从保障动物和人的健康角度出发,养殖过程中动物发生细菌性疾病需要使用抗菌药。

5.猪鸡常用抗菌药有哪些?

答:养殖场常用抗菌药主要包括以下几类:①β-内酰胺类,如青霉素、阿莫西林等;②氨基糖苷类,如链霉素、庆大霉素等;③四环素类,如金霉素、多西环素等;④酰胺醇类,如氟苯尼考、甲砜霉素等;⑤大环内酯类,如红霉素、泰乐菌素等;⑥林可胺类,如林可霉素;⑦多肽类,如杆菌肽锌;⑧其他抗生素,如泰妙菌素、沃尼妙林等;⑨合成抗菌药类,如恩诺沙星、磺胺嘧啶、磺胺对甲氧嘧啶等。

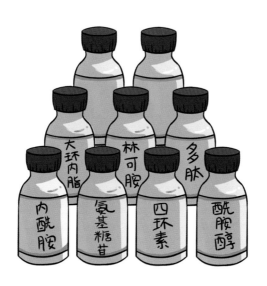

6.猪鸡常用兽药制剂有哪些？

答：常用兽药制剂有片剂、注射剂、胶囊剂、粉剂、预混剂、颗粒剂、可溶性粉和内服溶液剂等。

片剂	注射剂	胶囊剂	粉剂
预混剂	颗粒剂	可溶性粉	内服溶液剂

7.兽用抗菌药有哪些给药方式？

答：有注射给药，包括静脉注射、肌内注射、皮下注射等；口服给药，包括饮水给药、混饲给药、内服给药等。

皮下注射　　　口服　　　局部注射

8.使用抗菌药有哪些注意事项?

答:抗菌药主要用于细菌感染性疾病,一是在选择抗菌药时要确保抗菌谱适应患病动物所感染的微生物,以减少抗菌药物的不良反应;二是保证合适剂量和疗程,实现药物的抗菌效果最大化;三是关注药物对动物体内正常菌群的影响,根据药敏试验调整用药品种;四是选择有针对性的药物,确定合理的给药途径,防止浪费;五是预防性用药、病毒感染或发热原因不明的不要盲目使用抗菌药。

一确保抗菌谱适应患病动物所感染的微生物……

二保证合适剂量和疗程……

三关注药物对动物体内正常菌群的影响……

四选择有针对性的药物……

五是预防性用药、病毒感染或发热原因……

9.如何做到合理使用抗菌药?

答：正确诊断是合理使用抗菌药物的前提，一是根据猪鸡感染病原体、药物敏感试验和药物抗菌谱进行兽药品种选择；二是选用药物应结合其抗菌活性、药物代谢动力学、药物效应动力学、不良反应、药源、价值与效益等综合考虑；三是选用本场或本地区不常用的药物。

10.为什么要制订用药方案?

答：制订合理用药方案是保证安全用药的基础，方案包括确定药物剂型、剂量、疗程、休药期等。

11.制订用药方案时应注意哪些事项？

答：一是保证用药疗程，一般情况下应坚持使用一个疗程以上，不可用药一次就停药或急于调换药物品种；二是采取轮换用药，因长期使用单一抗菌药可能导致耐药菌株产生，引起毒副反应，因此应在兽医指导下轮换使用不同兽药品种；三是给药途径应合理，因为选择合理的给药途径可以有效提高临床用药疗效，所以应根据药物的特性、剂型，患畜的畜种、病情及食欲和饮水状况确定给药途径；四是严格遵守休药期，以避免造成抗菌药在动物性食品中残留问题；五是避免不良反应，尽量选择毒副作用小的抗菌药，联合用药，避免配伍禁忌；六是防止影响免疫，在进行各种疫苗预防接种前后数天内，不宜使用抗菌药。

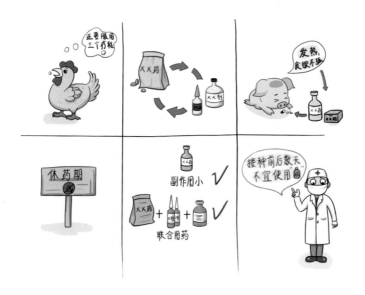

12.什么是联合用药?

答:联合用药是指同时或短期内先后应用两种或两种以上的药物。目的在于增强药物疗效,减少、消除不良反应或分别治疗不同的症状与并发症。对混合感染或不能进行细菌学诊断的病例,联合用药可扩大抗菌范围,增强疗效、减少用量、降低或避免毒副作用,减少或延缓耐药菌株的产生。

13.什么情况下采取联合应用抗菌药？

答：主要包括：单一抗菌药物不能控制的严重感染、需氧菌及厌氧菌混合感染、两种及以上复数菌感染、多重耐药菌或泛耐药菌感染、病因未明又危及生命的严重感染。联合用药时宜选用具有协同或相加作用的药物联合，如青霉素类、头孢菌素类或其他β-内酰胺类与氨基糖苷类联合。

14.滥用抗菌药物有哪些危害？

答：主要包括：诱导细菌产生耐药性，使后续应用抗菌药物的效力出现较大程度的降低；毒性反应、过敏性反应等不良反应增多；二重感染发生的概率增加；养殖成本增加；畜产品药物残留超标；药物随粪便排出而造成环境污染。

15.使用抗菌药物有哪些误区？

答：主要包括：①盲目使用抗菌药物。错误认为抗生素就是消炎药，只要是抗菌药物就能消炎，甚至为使患畜早日痊愈而同时使用几种抗菌药物。如果用抗生素治疗无菌性炎症，这些药物进入动物体内后将会抑制和杀灭体内有益的菌群，引起菌群失调，造成动物的抵抗力下降。②病毒感染使用抗菌药物。未正确诊断感染原就使用抗菌药物，一些病毒感染的疾病常被误诊为细菌感染，而造成抗菌药的滥用。③使用抗菌药物作预防用药和过度使用新、贵或广谱抗菌药物。任意加大抗菌药物使用剂量，认为剂量越大，疗效越好。④用药疗程不确定，导致疾病反复，从而增加了防治的难度。

16.实行处方药管理制度的意义？

答：为保障动物源性食品产品安全和猪鸡用药安全，保证人类的身体健康，我国对兽药实行处方药与非处方药分类管理制度。兽用处方药，是指凭兽医处方方可购买和使用的兽药；兽用非处方药，是指由农业农村部公布的、不需要凭兽医处方就可以自行购买并按照说明书使用的兽药。非处方药具有较高的安全性、毒副作用较小，动物产品质量安全风险系数低，在兽药标签和说明书的指导下非处方兽药按规定范围和剂量使用是安全的。

17.常用抗菌药配伍禁忌有哪些?

答：药物配伍禁忌分为物理性配伍禁忌、化学性配伍禁忌和药理性配伍禁忌。①物理性配伍禁忌即某些药物相互配合在一起时，由于物理性质的改变而产生吸附、分离、沉淀、液化或潮解等变化，从而影响疗效。例如，抗菌药+活性炭；氨苄西林或硫酸新霉素+含水葡萄糖。②化学性配伍禁忌是指某些药物配伍时，能产生分解、中和、沉淀或生成毒物等化学变化。例如，同一注射器或容器中的溶液：青霉素钠或钾+硫酸庆大霉素；青霉素钠或钾+维生素C；磺胺类钠盐+乳酸TMP等。③药理性配伍禁忌，也称疗效性配伍禁忌，是指处方中两种药物的药理作用间存在着颉颃，从而降低治疗效果或产生不良反应。例如，青霉素类+四环素类；青霉素类+磺胺类；青霉素类+氟苯尼考。

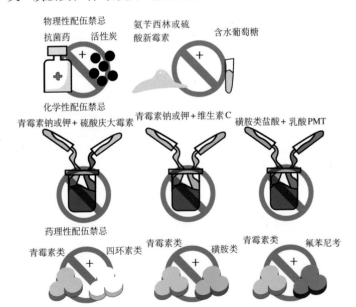

物理性配伍禁忌

抗菌药　活性炭

氨苄西林或硫酸新霉素　含水葡萄糖

化学性配伍禁忌

青霉素钠或钾+硫酸庆大霉素　青霉素钠或钾+维生素C　磺胺类盐酸+乳酸PMT

药理性配伍禁忌

青霉素类　四环素类　青霉素类　磺胺类　青霉素类　氟苯尼考

18. 如何购买抗菌药物?

答：一是需要执业兽医正确诊断，并由其开具处方；二是要购买有资质企业的合法产品；三是购买药物要索证索票。兽用抗菌药物大多为处方药，养殖场（户）不要自行购买使用。

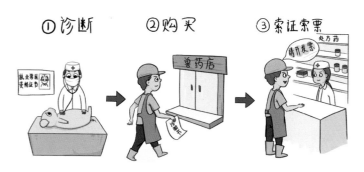

19. 养殖场（户）填写兽药使用记录应有哪些内容?

答：兽药使用记录包括：用药时间、用药对象、使用动物日龄、动物发病数、动物具体的病因、使用药物的名称、给药途径、每日每次的给药剂量、每次治疗后诊疗效果、具体停药时间、每次给药的执行人、休药期等。药物的使用记录应保存好，以便做追踪和对比。

20.购买兽药有哪些注意事项?

答:一是注意兽药产品合法性。兽药生产厂家应具有该产品生产资质(包括有兽药生产许可证、兽药产品批准文号,批准文号格式是否正确,是否超过批准文号的有效期)。二是注意兽药标签合规性。兽药标签和说明书应与国家兽药管理部门发布的兽药说明书范本一致,是否注明主要成分、含量、用法与用量、毒副作用、有效期和注意事项等内容,外包装上是否注明"兽用"字样,说明书的内容也可印在标签上。三是注意兽药生产企业信誉度。应选择管理规范、质量上乘的诚信品牌企业生产的兽药产品。四是注重兽药产品有效期。购买和使用兽药时,一定要在兽药标签和说明书上仔细查看产品有效期,尽量不要购买临近有效期的产品,不要使用已进入失效期(有效期满)的产品。

21.符合规定的兽药说明书有哪些内容？

答：主要包括：兽用处方药标志或兽用标志、兽药名称、主要成分、性状、药理作用、药物相互作用、作用与用途、用法与用量、不良反应、注意事项、休药期、外用杀虫药及其他对人体或环境有毒有害的废弃包装的处理措施、规格、贮藏方式、有效期、批准文号或《进口兽药注册证书》证号、兽药生产许可证号、兽药GMP证书号以及生产企业其他信息等。

22.为什么要制定休药期？

答：制定休药期主要是避免兽药残留超标，保证动物健康，保障动物性食品安全。例如，磷酸替米考星预混剂以每吨饲料200～400克混饲后，需要14天的休药期，猪才能屠宰上市，如此才能保证猪肉等可食性组织中的替米考星残留量低于最高残留限量。

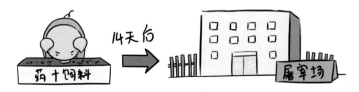

养 殖 减 抗

23.什么是养殖减抗行动?

答:为积极响应细菌耐药性全球及国家行动计划,农业农村部畜牧兽医局发布全面实施《全国遏制动物源细菌耐药行动计划(2017—2020年)》,在全国范围内启动兽用抗菌药使用减量化行动,简称"养殖减抗行动"或"减抗行动"。

24. 为什么要开展养殖减抗行动?

答: 为了在养殖行业倡导并树立"防重于治, 养重于防"的健康养殖理念, 减少养殖环节对兽用抗菌药的过分依赖, 减少并逐步停止非治疗用途抗菌药的使用, 杜绝预防用兽用抗菌药的盲目使用。同时, 养殖减抗主要目的是降低动物产品中兽药残留、遏制动物源细菌耐药性。该行动前期采取自愿参加的方式, 农业农村部在部分养殖企业进行养殖减抗行动试点。

25.如何开展养殖减抗行动试点工作?

答:按照农业农村部畜牧兽医局的试点方案,计划在2018—2021年,以蛋鸡、肉鸡、生猪、奶牛、肉牛、肉羊等畜禽品种为重点,每年组织不少于100家规模养殖场开展兽用抗菌药使用减量化试点工作,对考核评价合格的养殖场,发布全国抗菌药使用减量化达标养殖场名录。

26.养殖减抗行动试点的主要内容是什么?

答：参加减抗行动试点工作的养殖场重点实施四个方面的内容。一是规范合理使用兽用抗菌药，包括兽医技术人员的配备、药房的设置、健全管理制度、规范用药档案记录等；二是科学审慎使用兽用抗菌药，包括树立科学审慎使用兽用抗菌药理念、建立并实施科学合理用药的制度、实施兽用抗菌药分类管理、规范兽用抗菌药用药行为等；三是减少使用促生长类兽用抗菌药，推行健康养殖模式，强化生物安全保障，探索使用抗菌药替代品，逐步降低养殖环节对促生长抗菌药的依赖；四是实施兽药使用追溯，在试点养殖场实施二维码追溯工作，制订并实施养殖场兽用抗菌药减量实施计划。

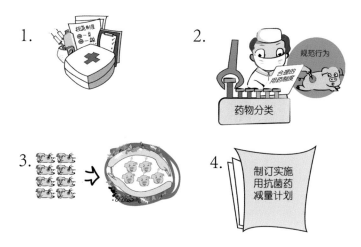

27.养殖减抗行动的总体目标是什么？预期要达到什么效果？

答：用2018—2021年共3年的时间，在畜禽养殖环节推行试点工作，并在积累经验的基础上全面推广兽用抗菌药使用减量化模式，以期减少使用促生长类抗菌药物饲料添加剂，治疗性兽用抗菌药使用量实现"零增长"，兽药残留和细菌耐药问题得到有效控制。

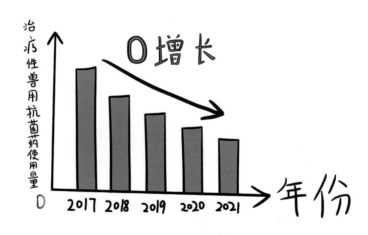

28.如何实现养殖减抗，具体从哪几方面减？

答：兽用抗菌药减量化行动，就是杜绝或减少在养殖环节滥用及不合理、不规范地使用兽用抗菌药，而并非简单限制或禁止使用兽用抗菌药。所谓"减抗"，不是"限抗"，更不是"禁抗"，具体包括：一是杜绝盲目的预防性使用兽用抗菌药；二是逐步禁止兽用抗菌药的促生长用途；三是加强科学引导，严格依据临床指征和规定的剂量、疗程合理用药。

1.

2.

3.

29.养殖减抗的具体措施有哪些?

答：养殖减抗的主要措施包括：①严格引种；②保持优良的养殖场与畜舍环境；③严密的生物安全隔离与防范措施；④强化饲养管理；⑤做好免疫及免疫检测；⑥做好粪污及病死动物的无害化处理；⑦使用抗菌药替代品，如中药等。

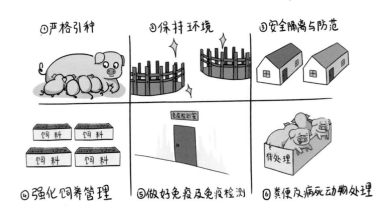

30.如何评价养殖减抗的效果?

答:一是看养殖场基本条件,包括兽医及兽医技术服务、兽医诊疗条件、兽药储存条件和生物安全保障等;二是看养殖场基本制度,包括生物安全管理、兽药供应商评估、兽药出入库、诊断与用药、记录等制度;三是看各种记录的完整性和真实性;四是看减抗的效果,包括兽用抗菌药使用水平、减少的幅度及开展减抗行动的情况。

一是看养殖场基本条件
二是看养殖场基本制度
三是看各种记录的完整性和真实性
四是看减抗的效果

31. 衡量养殖减抗效果的最直接指标是什么？

答：衡量减抗效果最直接的指标是单位畜禽产品抗菌药的使用量（克/吨）。欧盟认为单位畜禽产品抗菌药的使用量应控制在50克/吨以内，我国通过减抗行动的实施，也应该逐步将抗菌药的使用量降低到相应的水平。

单位畜禽产品抗菌药的使用量应控制在

50克/吨以内

32. 如何计算单位畜禽产品抗菌药的使用量？

答：以生猪为例，从出生到出栏，计算所有抗菌药的使用量，再按总出栏量平均。生猪养殖一般分哺乳期、保育期和肥育期三个阶段，计算每个阶段的头均抗菌药使用量（克/头），然后累加，得出每头猪抗菌药总使用量，再除以头均出栏重量（吨/头），即可。

33. 怎样正确认识兽用抗菌药替代品?

答:目前见诸报端的抗菌药替代品有中药及天然药物、酶制剂、酸化剂、益生素、酸化剂等。这些所谓的抗菌药替代品,从严格意义上讲,不能称其为抗菌药替代品,而仅仅是在某些环节、某些用途可以起到替代兽用抗菌药特定的作用,尤其是指抗菌药的非治疗作用。

34. 国外养殖减抗的措施和成熟经验有哪些?

答:欧美等养殖业发达的国家,较早认识到在养殖中过多使用抗菌药的风险,对兽用抗菌药的使用也较早实施了分类管理,积累了较多成熟的减抗措施和经验。主要包括几个

方面:一是重视生物安全防范,尽可能杜绝动物接触外来病原的机会;二是重视养殖场内部的管理,为动物创造舒适、安全的生长环境以及科学合理的营养供给;三是有高素质的兽医专业人员及高水平的兽医技术服务。

35.养殖中如何做到少用抗生素？

答：① 加强养殖场消毒和隔离工作。加强养殖区域进出人员、车辆的消毒工作，定期对饲养区域进行消毒，防止外界人员和环境中的致病性细菌感染饲养动物而致病。对患病动物的及时诊断和隔离，避免大规模暴发某些疾病而大量使用抗生素。② 选择抗病性好的优势良种动物进行饲养。随着育种、选种手段不断发展，一些抗病性好的优势良种产生，在养殖过程中我们应该尽量选择这些优势良种进行饲养，减少饲养动物疾病发生的概率，从而减少抗生素的使用频率。③ 优化饲养配方。针对饲养动物和养殖区域的特色建立适合本场的饲养方法，从而提升动物的营养水平，维持动物的健康状态，从而提升饲养动物对致病因素的抗性。④ 优先使用有代替性的药物。目前，对着科学研究的不断深入，许多新型药物可被利用来治疗动物感染的各类疾病，在临床治疗过程中，我们应该有限使用这些替代药品进行治疗，从而减少抗生素的使用。⑤ 加强对疾病的预防。在动物出生后，按饲养动物的自身免疫特点进行疫苗接种，提高动物体内的抗体水平，增强动物自身的抗逆能力。

36.怎样正确认识抗菌药替代品?

答:抗菌药替代药品应具有以下特征:在动物饲养过程中长期应用该类药品不易产生毒副作用、无停药期、安全并且可以和其他添加剂合用,细菌对该类药品不易产生抗药性;在动物源性食品中无药物和危害人类健康的有害有毒物质残留;随动物排泄物排出的物质不会对环境造成危害。目前,开发的抗菌药替代品主要包括:益生菌、酸化剂、卵黄免疫球蛋白、中草药提取物等,但是,此类药物开发还不够全面,还不能完全替代抗菌药在养殖过程中的重要作用。

37.怎样正确认识无抗养殖?

答:无抗养殖是无抗生素养殖的简称,指养殖全过程中不用任何种类的抗生素。随着耐药性和药物残留问题日益突出,无抗养殖时代成为今后发展方向。受我国养殖水平和养殖管理方式的限制,真正实现无抗养殖还需要经历相当长的时间。目前,抗生素在养殖过程中仍占有重要作用,停用会导致动物疾病上升,养殖效益下降。

食 品 安 全

38.动物性食品包括哪些?

答：动物性食品是指动物肉类、蛋类、奶类及其制品，主要指畜禽、水产品等在内的肉类及其制品，是提供蛋白质的重要来源。

39.动物性食品主要安全隐患包括哪些?

答：动物性食品主要安全隐患是兽药残留和动物源细菌耐药。

40.什么是兽药残留？

答：兽药残留是"兽药在动物源性食品中的残留"的简称，是指食品动物在使用兽药后蓄积或储存在细胞、组织或器官内，或进入泌乳动物的乳或产蛋家禽的蛋中的药物及其代谢物。

41.兽药残留危害有哪些？

答：在动物性食品中的抗菌药残留对食品安全和人类健康可能造成的主要危害表现在两个方面：一是毒理学危害，主要包括直接毒害作用和致癌、致畸和致突变作用；二是微生物学危害，主要包括破坏胃肠道菌群平衡和诱导肠道菌产生耐药性。

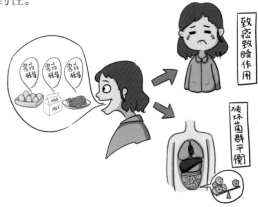

42.造成兽药残留超标的主要原因有哪些？

答：凡不合理用药；随意改变剂量，随意延长疗程；不科学联合用药；不遵守休药期；动物在休药期内屠宰上市，均可造成兽药残留超标。

43.如何减少兽药残留的发生？

答：控制兽药残留主要从以下环节着手：①兽药生产环节。厂家需严格保障药物及其制剂的质量，严格进行相关研究和评价，明确药物标签。②养殖环节。需合理用药，严格遵循兽药产品说明书和休药期制度。③动物源产品上市环节。应用高效检测手段，对肉、蛋、奶等动物产品中的兽药残留进行抽样检测，及时发现问题并处置。

监管部门对上述三个环节都进行监督，对上市后的动物性食品进行监测。

严格生产　　合理用药　　抽样检测

44.什么是耐药性?

答:耐药性又称抗药性,是指动物致病菌对药物不敏感或敏感性下降甚至消失的现象,可导致治疗效果明显下降甚至无效。耐药性分为获得耐药性和固有耐药性。固有耐药性是由细菌染色体基因决定而代代

相传的耐药性;获得耐药性即一般所指的耐药性,是指细菌在多次接触抗菌药物后,产生了结构、生理及生化功能的改变,从而形成具有抗药性的变异菌株,它们对药物的敏感性下降或消失。

某种病原菌对一种药物产生耐药性后,往往对同一类的药物也具有耐药性,称为交叉耐药性。

45.什么是耐药菌?

答:耐药菌是指具有耐药性的病原菌。在长期的抗生素选择之后出现的对相应抗生素产生耐受能力的微生物,统称耐药菌。所谓细菌的耐药性,是指细菌多次与药物接触后,

对药物的敏感性减小甚至消失,致使药物对耐药菌的疗效降低甚至无效。只要条件适宜,耐药菌就会大量繁殖后代,并可通过直接接触、不洁饮水、被污染食物或者手术器械等传播扩散。

养殖场由于动物数量多,相互密切接触,多采用饲料、饮水群体给药方式,较易发生细菌性疾病和产生耐药菌。

46.动物源细菌耐药性产生的主要原因是什么？

答：过度或者不恰当使用抗菌药被认为是抗微生物药物耐药性出现和传播的主要因素。具体包括：①疾病诊断有误，选药不合理，用药不对因；②不按说明书用药，使用剂量不足，用药疗程不够；③抗菌药联合应用失当；④过度预防性用药；⑤在饲料中乱加抗菌药；⑥药物质量不合格。

47.耐药菌的危害表现在哪些方面？

答：耐药菌最主要的危害在于其感染难以治疗，感染严重性的现象日益突出，对临床感染性疾病的精准诊断和精准治疗提出了更高的要求。导致常用抗菌药治疗无效，造成病死率提高，显著延长病程和治疗时间，大幅增加治疗成本，严重影响了医疗质量和患者生命安全。动物源耐药菌的产生与传播，不仅会影响动物疾病的有效防治，还会影响人体健康和公共卫生安全。动物源耐药菌通过食源直接危害人类健康，抗生素类兽药的大量使用，抗生素进入畜禽体内后以原型或者代谢物形式排入环境，造成环境污染。另外，一旦感染"超级细菌"，动物或患者可能会出现严重的炎症反应，甚至引起死亡。

48. 如何减少细菌耐药性的发生?

答：①在使用抗生素进行治疗时应针对引起动物疾病的病原细菌选择合理的抗菌药物，针对动物的临床症状，结合具体情况制订合理的给药方案；②在抗生素使用过程中，避免同一药物长时间使用，让细菌长时间接触某一抗生素而产生耐药性，注意轮换使用和交替使用不同种类的抗生素进行治疗，严格按照使用说明控制好使用时间；③严格执行消毒隔离制度，注意人员、车辆消毒工作，注意患病动物与健康动物之间的隔离工作，防止耐药菌交叉感染，防止耐药基因重组产生更强的耐药细菌；④加强一线养殖人员用药安全的相关知识培训，要求兽医人员能准确诊断疾病并且了解如何安全科学用药，掌握不同种类、不同抗菌谱、不同疗程的不同抗菌药应通过何种方式单一使用或联合使用，避免兽药滥用错用。

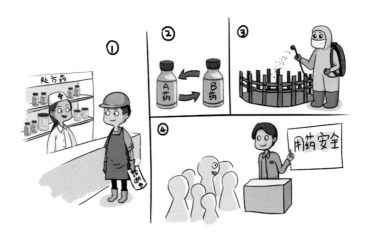

49.如何检测细菌耐药性？

答：可通过药敏试验检测细菌的耐药性。即根据临床分离菌株的最小抑菌浓度（MIC）、抗菌药体内过程和临床疗效情况，分别针对纸片法（抑菌圈直径）和稀释法（MIC）设定结果判定标准，将试验结果与判定标准进行对照，即可评价测试菌的耐药情况。

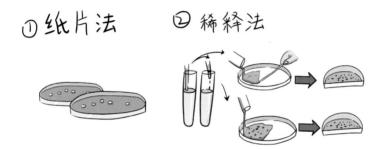

50.目前政府采取了哪些食品安全监管措施？

答：①兽药生产环节：规范生产活动、保证产品质量、管理兽药标签合规。②养殖用药环节：规范用药活动、建立用药记录制度、严格执行休药期。③动物产品营销环节：兽药残留和耐药性监测、禁止销售含有违禁药物或者兽药残留量超过标准的食用动物产品、有休药期规定的兽药用于食品动物时，饲养者应向购买者或屠宰者提供准确、真实的用药记录；购买者或者屠宰者应确保动物及其产品在用药期、休药期内不被用于食品消费。④兽药审批政策环节：发布禁药清单（农业部公告第193号、560号公告等）；加快安全评价，即3年内取消8种兽药，停止1种促生长剂；开展兽用抗菌药滥用及非法兽药综合治理行动；发布《全国遏制动物源细菌耐药行动计划（2017—2020年）》，重点实施"退出行动"，推动促生长用抗菌药物逐步退出。

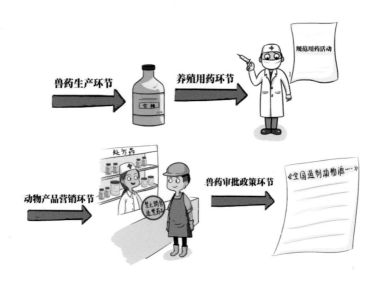